钻进高大的茭白林里，双脚深深陷入泥沼
农人正奋力采摘清甜的茭白笋
只见她左手一折一转，利落取出可食部位
转眼间右手已盈盈握满

茭白是多年生草本水生植物
由于受菰黑粉菌寄生，茎基部膨大成纺锤形的肉质茎
植物养分储藏于此，故甜嫩可口
又因白茎似笋、嫩若皎玉称为茭白笋

茭白序

大家都吃过茭白，却不知茭白背后还有不少小秘密。我们现在当作蔬菜食用的茭白，其实并不是正常茭白应该有的部分，而是茭白主茎基部受菰黑粉菌寄生，刺激畸形膨大所结的肉质茎，也叫作茭肉、茭笋。

自从中国人发现野生茭白偶尔出现的膨大茎，食用起来特别肥美，便开始留心栽培。在江南农民长期摸索之下，通过逐年移栽、河泥壅根等方法，终于培育出能够稳定产出高质茭肉的茭白品种，可算是中国人特有的一种蔬菜。

苏州地区栽培茭白的历史很悠久，培育出了不少优秀品种。还有可以隔年采收夏茭的二熟茭，使茭白成为产出期极长的一种蔬菜，就是俗语所说的"苏州不断茭"。除了采集肉质茎食用，苏州人还把茭白种在不耐风浪的莲藕、菱角塘四周，形成生物防护，一举两得。我们在苏州的江湾村、梅湾村进行了长期的采访，记录下了当地的栽培技术。

苏州朋友告诉我们，茭白也是一种"百搭菜"，可以油焖单炒，可以炒素，可以炒荤，可以酒糟，可以煮汤，还能切丝晒干，怎么做都很鲜美。我们在苏州的乡村、百姓家、酒楼中记录了十几道当地做法，供大家参考。

除了茭白笋之外，茭白还有很多可以利用的部分。很多人可能都不知道，在茭白被大规模栽培，以供采摘茭肉之前，茭白还有一个重要的产品，就是其所结的果实——"菰米"，在宋代以前也是中国人常常食用的粮食之一，被当作谷物栽培，至今欧美也还把茭白叫作"野米"。茭白的叶片细长高大，还是粽叶最早的材料。而茭白的根"菰根"则是一味药材。在书后的"文史篇"中，详细地介绍了茭白的各个部分在中国历史上的使用和变化，以及背后的典故故事。"语录篇"则是江南农人、文人的几篇关于种茭白、品茭白、咏茭白的小文章。■

采访手记

●作为配角的茭白

在苏州第一次见到茭白是在江湾村的藕塘边。2010年6月汉声编辑刘镇豪、陈诗宇来到江湾村采访，在藕塘边看到一株株直立的幼苗，但当时并未留意到这就是茭白。等到8月份随周晨一同驱车再来到江湾村时，我们注意到，除了大片的慈姑和荸荠外，一块块高起的茭白田也很引人注意，下车走近田埂一看才发现，原来茂密的茭白丛只种在水塘四周一圈，里边种的是满塘的莲藕，荷叶比茭白叶略低，所以挡在里面，远看是几乎看不到的。

通过江湾村胡敬东主任的介绍，我们才知道，当地这样种也是别有用意的，一举多得的。茭白的植株比较高大，并且单株占地面积小，莲藕是喜欢高温潮湿环境的植物，苏州当地一般都会在藕塘边上栽一圈茭白包围着，可以有效地防止热量散发，提高塘里温度和湿度，让莲藕长得更好。另外荷叶梗也比较柔弱，刮大风的时候容易折断，四周种几行茭白，能起到挡风保护荷叶的作用，同时也利用了藕塘边缘的空地。

茭白并不是只能栽种在田塘四周，也有其他的集中栽培方式。随后在苏州水生蔬菜研究所鲍忠洲老师的介绍下，我们陆续还了解到，茭白的品种其实非常之多，若按照种植和采收

鲍忠洲老师在蔬菜所苗圃为汉声编辑介绍茭白品种

时间，大体可分为当年春种秋收的一熟茭白，和春种二熟茭、秋种二熟茭。二熟茭当年可采收一次，第二年夏季还可以再采收一次，所以更多采用大田集中种植。具体品种则有吴江茭、杼子茭、青种、大头青、白种、十月白、秋玉茭、大蜡台、小蜡台……林林总总有很多，具体的形态和采收时间都略有差异。

但江湾村的茭白主要是当年采收的一熟茭，并且大多只是利用藕田边沿辅助种植，扮演配角的角色，少有大面积集中栽种，也正因为如此，茭白似乎总是被我们忽视，而错过好几次记录的时机，直到第三年，才终于完成全部的生长记录。

●采收留种与来年的种植

2010年9月底来到江湾村，此时的茭白

（下转第38页）

茭白全株图解

档案

分类：被子植物门·单子叶植物纲·禾本目·禾本科·稻亚科·稻族·菰亚族·菰属
学名：Zizania latifolia (Griseb.) Stapf
别名：菰、茭瓜、茭笋、茭首、菰笋等
原产地：中国
分布：中国、东南亚、日本等
中国主产地：江苏、上海、浙江、湖北、江西、安徽等省份
食用部位：肉质茎
生长期：3月至11月
采收期：夏季5月上旬至7月上旬，秋季9月中旬至11月上旬

茭白

茭白是禾本科菰属多年生宿根草本水生植物，又名菰、茭瓜、茭笋、菰首，由菰演变而来，菰古代以前曾作为粮食栽培，是"六谷"之一。当菰受孤黑粉菌侵入时，会分泌激素使其茎基部膨大成纺锤形的肉质茎，便是茭白的食用部分，并且不再开花结实。目前，世界上把茭白作为蔬菜栽培的只有我国和越南。茭白在我国的栽培历史很长，栽培地区也很广，原产长江中下游，在长江流域及以南的水泽地区广泛种植，北方则在湖溪水田边少量种植。在江苏、上海、浙江、湖北、江西、安徽等省份栽培较多。可分为一熟茭和春种、秋种两熟茭三种。茭白的上市供应时间长，以熟食为主，可切片、切丝鲜嫩食，也可切烹制成茭白干。

全株图解

叶【株型】

由叶片和叶鞘组成，叶片长披针形，比较挺拔，长100～150厘米，宽3～4.5厘米，茭白植株高大，即因茭白叶片较长所致。

叶部厚实，呈青绿色，为平行叶脉，中脉突出，长40～65厘米，色淡。叶鞘肥厚，边缘较薄，色淡。着生基部短缩茎节各叶鞘和叶片相抱形成假茎。叶鞘和叶片的交点有白色的三角形或带形的三角斑，即叶枕、叶环，俗称"茭白眼"。此处组织较嫩，易受病菌入侵，是采收时去叶片的标准。通常倒三叶在所有叶片中最长，兰倒三叶叶片与茭白相重叠，标志着茭白已可采收。

根

为发达的须根系，主要分布在短缩茎的分蘖节和根状匍匐茎节上。新根乳白色，老熟后转为黄褐色。一般根长20～70厘米，最长可达1米，根粗1.2～2厘米。

茎

茎分短缩茎、肉质茎、匍匐茎三种。

短缩茎：由隔年春季的茭苗和分蘖芽形成。长成后俗称"茭墩"，主茎管短缩，基部粗3厘米左右，茎管深入土中可达20～30厘米。

匍匐茎：上有茎节，节间短缩，呈黄色，细而短。芽发育而成，呈每节一芽，互生，生须根，分蘖芽贴生在茎管发后在地上形成新单株，达10～20个。分蘖形成的株丛称"茭墩"。习芽春季萌发后在春季结实或者到秋秋又可以不断分蘖，多用于选种以保持该种品种的优良性状。

肉质茎：为短缩茎上的腋芽萌发而生成，粗1～3厘米，具8～20节，节部有叶状鳞片，芽和须根。芽和须根萌发芽在春季萌发向上生长，能产生新的分枝，即顶端"游茎"，剥去叶鞘者称白，肉质茎的形状，大小、颜色、光洁度都有差异。

肉质茎长到10节以上时，若条件适宜，茎端会受体内含黑粉菌分泌的激素刺激膨大，形成肉质茎（菌瘿），即茭白，为食用部分，一般有4节，顶端尖细，下部肥大呈纺锤状。肉质茎长12～20厘米不等，在水中发育，最长可达30厘米茭肉被叶鞘紧紧包裹，在水中者称"水壳"，不同叶鞘包被的茭白，肉质茎的形状、大小、紧密度都有差异。

花和种、果

茭白一般不开花结实，但因栽培管理选种不当时，植株有可能不受孤黑粉菌侵入，而正常拔节生长，抽穗、开花，所结种子脱壳后称"茭米"或"孤米"。习惯上将不结茭也不开花结实种者称为"雄茭"，将长期不管理而开花结实者称为"茭草"。

【燕米】

【肉质茎剖面】

【茭白囊管】 囊管

（图注：匍匐茎、肉质茎、根、叶片、叶鞘、茭白眼、分蘖芽、气室、根）

此处呈现套种与轮种的智慧
沿着田埂茭白刚种下，前面泥地里种藕已斜插入塘
茭白性喜凉爽，莲藕则需避风以保持藕塘温度
两种作物同时套种真是相辅相成
此地之前种植的是荸荠，未来将种植慈姑
连番轮种，永保地力

茭白所结籽粒古称菰米，先秦为"六谷"之一
早在汉代人们即发现茭白变异所生的茭白笋，往后菰米逐渐为人淡忘
南宋诗人陆游有诗《邻人送菜》云："稻饭似珠菰似玉，老农此味有谁知。"
说明邻人所送即茭白笋，个中滋味唯有老农最先尝

6

茭白的栽种

境 生长环境

　　茭白性喜温暖湿润，不耐严寒和高温、干旱。原为短日照植物，在日照转短后才能抽生花茎和孕茭，至今一熟茭仍保留了短日照植物特性，而两熟茭则基本不受影响。茭白的生长适温在 15～25 摄氏度之间，5 摄氏度以下时地上部分枯死，地下部分在土中越冬。

　　茭白生长需耕作层达 20 厘米以上的深厚土层，有机质丰富且保水保肥力较强，以黏质土为宜，利于茭白深栽且不易发青。但早熟品种深栽易烂，以表土略硬底土坚实的沤田为宜。为浅水生植物，生长期不能缺水，休眠期也需保持土壤充分湿润。

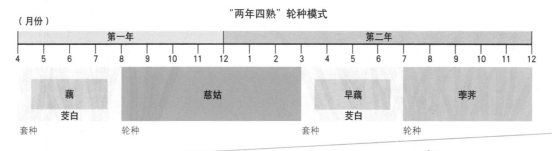

刚刚移栽在藕塘四周的茭秧

进入分蘖期的茭白田

栽 栽培方式
●轮种·套种

　　茭白可与藕套种。苏州地区一般在早春将留种的茭秧移栽在藕田四周，茭秧和藕同时生长，由于茭白植株高大，此举既利用了藕田边沿田地，也对藕有防风保温作用。

　　7 月底 8 月初藕采收后，把茭秧拔起，割掉上部 1/3 的叶片，可移至藕田或其他田块中继续栽植至秋茭收获。另外两熟的夏茭采收后，可继续定植慈姑、荸荠、芡实等水生作物，也可接种晚粳稻。

　　通常茭不能开花结实，只能用无性繁殖。茭白须根发达，主要分布在地表 30 厘米的土层内。茎分为地上茎和地下根状茎两种。在营养生长期，地上茎短缩，多节，节上发生 2～3 次分蘖，形成多蘖株丛，称为"茭墩"。茭白的繁殖就是利用母墩进行分墩和分株繁殖的。

　　茭白的定植可分为秋种和春种两种。

秋种
●整地施肥

　　平整土地，将翻起的藕茬、茭茬清理干净，把表土推平。施入基肥。

●定植

　　定植前先将茭秧连根挖起，进行分苗。分苗时顺势将分蘖处的茎节掰开，将交叉的根分开。一般根据种株墩头大小可分为 2～4 株，每株须保持 1～2 个带硬薹管的分蘖苗。分苗后削去过长的叶尖，保持植株高度 100 厘米左右，以防定植后被风吹倒。定植株距在 35～40 厘米左右，行宽 50 厘米左右。

春种
●留种

　　秋季采收时选择具有本品种性状、结茭多、没有雄茭的植株作母株，集中移栽到留种田，让其越冬。为了促进母株提早萌发新梢，可采用地膜覆盖，提高土温。

"两年四熟"轮种模式

（月份）	第一年											第二年											
	4	5	6	7	8	9	10	11	12	1	2	3	4	5	6	7	8	9	10	11	12

藕　　慈姑　　早藕 / 茭白　　荸荠
套种　　轮种　　套种　　轮种

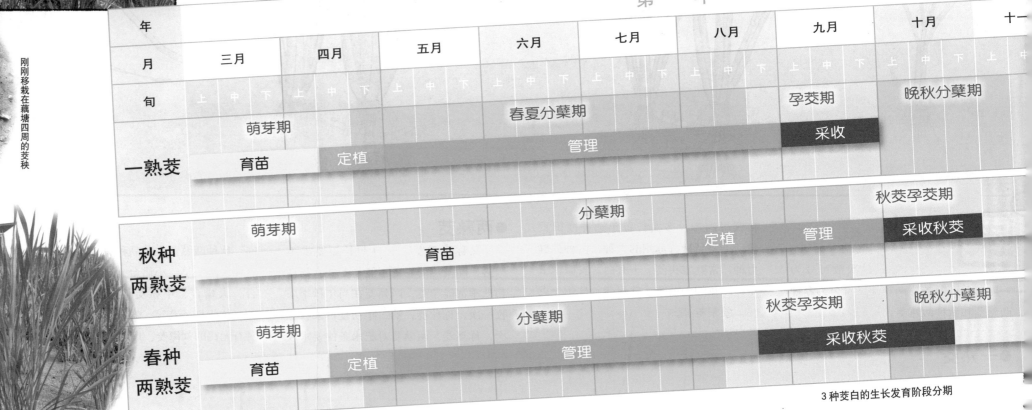

第 一 年

年	月	三月	四月	五月	六月	七月	八月	九月	十月	十一
	旬	上 中 下	上 中 下	上 中 下	上 中 下	上 中 下	上 中 下	上 中 下	上 中 下	

一熟茭：萌芽期／育苗／定植／春夏分蘖期／管理／孕茭期／采收／晚秋分蘖期

秋种两熟茭：萌芽期／育苗／分蘖期／定植／管理／秋茭孕茭期／采收秋茭

春种两熟茭：萌芽期／育苗／定植／分蘖期／管理／秋茭孕茭期／采收秋茭／晚秋分蘖期

3 种茭白的生长发育阶段分期

11

生长过程

萌芽期

从越冬母株基部茎节和地下根状茎先端的休眠芽萌发、出苗至长出4片叶为萌芽期。约需40～50天。萌芽始温5摄氏度，适温15～20摄氏度，并需2～4厘米浅水。

分蘖分株期

从主茎开始分蘖至地下茎、地上茎分蘖基本停止，主茎开始孕茭为分蘖期。这一时期生长大部分叶片和根系，形成大量分株，每母株可分蘖十个以上。约需120～150天不等，分蘖适温20～30摄氏度。

孕茭期

从茎拔节至肉质茎充实膨大的过程为孕茭期。植株一般在长到130厘米以上，有5片大叶，叶尖稍下披时开始孕茭。主茎先孕茭，其后有效分蘖陆续孕茭。基部老叶逐渐枯黄，新出叶渐短，颜色转淡，被叶鞘抱合而成的假茎开始发扁，称"扁秆"，基部逐渐膨大。孕茭始温15摄氏度，菰黑粉菌生长的适温是20～25摄氏度，30摄氏度以上不能孕茭。

休眠期

从植株叶片全部枯死，以地上茎的中、下部和地下根状茎先端的休眠芽越冬开始，到来年春季休眠芽开始萌芽为止，称为休眠期。采收后期地上部分停止生长，养分转向地下，各茎节休眠芽外有一层很薄的角质鳞片包裹，加上一层芽鞘，增加御寒能力。一般气温5摄氏度以下进入休眠期，第二年春季气温上升到5摄氏度以上开始萌发。约需80～150天。

品种

茭白按采收次数可分为一熟茭和两熟茭，两熟茭又可分为春种两熟茭和秋种两熟茭。

●一熟茭

又称单季茭，为严格的短日性植物。在秋季日照变短后才能孕茭，每年只在秋季采收一次。生产上为保持种性和获得高产，多实行每年选种换田重栽。主要品种有苏州的青种、白种、群力种，常熟寒头种、十月白，安徽秋玉茭，广州的大苗茭、软尾茭，杭州一点红、象牙茭等。

●两熟茭

又称双季茭，对日照长短要求不严格，除炎热的盛夏不能孕茭外，初夏和秋季都能孕茭。两熟茭在当年秋季采收一次，称秋茭；第二年初夏再采收一次，称夏茭。两熟茭对肥水条件要求较高。秋种两熟茭主要品种有苏州的大头青种、两头早、小蜡台、蒋红早、中蜡台、大蜡台、中秋茭、杨梅茭、吴江茭，杭州杼子种等。春种两熟茭主要品种有无锡的刘潭茭、广益茭。

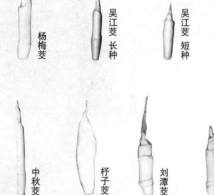

注：此页品种照片来自《苏州水生蔬菜实用大全》

杨梅茭　吴江茭 长种　吴江茭 短种

青种　白种　群力种　寒头茭　十月白　秋玉茭　大头青种　两头早　小蜡台　蒋红早　中蜡台　大蜡台　中秋茭　杼子茭　刘潭茭　广益茭

春种的一熟茭栽培早，每墩苗数多，采收期也早，一般在 8 月下旬至 9 月下旬采收，亩产带壳茭 1200 ～ 1500 公斤。

春种的两熟茭一般在 9 月下旬开始采收，10 月上旬大批采收，11 月下旬采收结束，亩产带壳茭 750 ～ 1000 公斤。秋种的两熟茭因生长期较短，秋收产量较低，亩产 500 ～ 750 公斤。夏种愈迟，分蘖愈少，产量愈低。两熟茭第二年采收夏茭的时间为 5 月上旬至 6 月下旬，一般亩产 2000 ～ 2500 公斤。具体因品种和栽培条件而有所不同。

茭白成熟时，随着基部老叶逐渐枯黄，心叶逐渐缩短，叶色转淡，假茎中部逐渐膨大和变扁，叶鞘被挤向左右，当假茎露出 1 ～ 2 厘米的洁白茭肉时，称为"露白"，为采收最适宜时期。夏茭孕茭时，气温较高，假茎膨大速度较快，从开始孕茭至可采收，一般需 7 ～

10 天。秋茭孕茭时，气温较低，假茎膨大速度较慢，从开始孕茭至可采收，一般需要 14 ～ 18 天。但是不同品种孕茭至采收期所经历的时间有差异。茭白一般采取分批采收，每隔 3 ～ 4 天采收一次。

采收时，在茭白田中一一检查，找到成熟茭白，即可握住叶鞘上侧，左右倾轧，将茭肉从根茎连接处折断，即可采下。采收一轮茭白后，应该用手把墩内的烂泥培上植株茎部，既可促进分蘖和生长，又可使茭白幼嫩而洁白。

折
握住叶鞘，把茭肉从根茎处折断

挑
寻找挑选成熟茭白

进
钻进高大茂密的茭白丛

采下的茭白集于一手

农人钻进茭白丛
寻找成熟茭白，折断采下
切去叶片，保留叶鞘上市贩卖
可延长茭白的保鲜期，俗称"水壳"
剥去紧紧包裹在外的叶鞘
便是洁白的"茭肉"

茭白的采收

●分墩移栽

到第二年4月至5月上旬，茭白苗高20厘米左右，气温在25摄氏度以上时，即可分墩栽植。将老茭墩连泥挖出，再用快刀顺着分蘖着生的趋势，按3~5个健全分蘖为一墩，纵劈分墩。每墩要求带老茎，劈时尽量少伤及分蘖和新根，并随挖、随分、随栽。种植密度应根据分墩苗数、采收次数而定。一般行距为70~80厘米，墩距60~70厘米。

管 田间管理

●追肥

茭白植株高大，需肥量大，应重施有机肥作基肥。新茭田追肥应采用重、轻、重的原则，即分蘖前重施，以增加有效分蘖。分蘖盛期到后期视苗情适当补施，防止脱肥早衰。孕茭期重施，促进肉质茎膨大，提高产量。如植株长势旺盛，可免施追肥。

●水位调节

茭白水位调节应采用前浅、中深、后浅的调控原则。萌芽至分蘖前期，保持3~5厘米浅水，以利提高地温，促进发根和有效分蘖。分蘖后期水位逐渐加深到10~15厘米，以抑制无效分蘖。气温超过35摄氏度时，应适当深灌降温，定期换水，防止土壤缺氧引起烂根。进入孕茭期，水位应加深到15~18厘米。秋茭采收后期，应降低水位，以利采收。进入休眠期和越冬期，茭田应保持2~4厘米的浅水或湿润状态。

●除草除杂

及时除草，剥除黄叶。茭白生长前期杂草较多，应及时除草。生长后期，田间株丛拥挤，应及时剥除基部枯叶和黄叶，以利通风透光，减轻病虫危害。茭白在分蘖后期，应及时去掉杂株、雄茭株和灰茭株。

不同时期茭白田水位高度

（厘米） | 萌芽~分蘖前期 3~5厘米 | 分蘖后期 10~15厘米 | 孕茭期 15~18厘米 | 休眠期 2~4厘米

●灰茭与雄茭

茭白栽培、管理不当，会形成灰茭和雄茭。茭白孕茭必须有菰黑粉菌的寄生，茭白植株被菰黑粉菌寄生以后，能分泌细胞分裂素等生长激素，刺激茎端膨大，成为肥嫩的肉质茎，这就是茭笋，这种植株称为正常茭。

植株体内如果没有菰黑粉菌，茭白的茎就不能膨大，到夏天可抽薹开花，甚至结实，这种茎不膨大的茭株叫雄茭。

如果在主茎和分蘖生长过程中，特别是在孕茭期，寄生到茭白体内的菰黑粉菌生育过程发生了改变，在肉质茎内迅速形成大量厚垣孢子，使茭白肉质茎变成一包"黑灰"，不能食用。这种植株叫灰茭。

雄茭、灰茭与正常茭在植株形态上有一定差别，田间可以区分。雄茭比正常茭植株高大，长势强，叶片较宽，先端下垂，假茎圆，不膨大，花茎中空，薹管高。正常茭长势中等偏弱，植株较矮，叶片宽阔，最后一片心叶显著缩短，叶色较淡，茭肉长，茭肉膨大时，在叶鞘一侧开裂。灰茭长势较正常茭略强，叶片较宽，叶色深绿，叶鞘发黄，始终不开裂。

一熟茭进入秋茭采收期

采收后留种的老茭白墩

二熟茭进入夏茭采收期

注：1. 此表依据《苏州水生蔬菜实用大全》绘制。
2. 表中以一熟茭品种"白种"、秋种两熟茭品种"小蜡台"、春种两熟茭品种"刘潭茭"为例。

第二年

雄茭 / 灰茭 / 正常茭

茭白的营养与功效

文：黄文宜（中医师）

【饮食养生】

◎营养成分：茭白的热量、碳水化合物、不溶性纤维、维生素 E 等含量较高。嫩茭白的有机氮素以氨基酸状态存在，并能提供硫元素，味道鲜美，营养价值较高，容易被人体吸收。

◎减肥：由于茭白热量低、水分高、膳食纤维丰富，食后易有饱腹感，是人们喜爱的减肥食品。

◎养颜：日本研究人员发现，茭白具有嫩白保湿等美容功效，茭白中含有的豆甾醇能清除体内的活性氧，抑制酪氨酸酶活性，从而可阻止黑色素生成，它还能软化皮肤表面的角质层，使皮肤润滑细腻。可见茭白也是美容佳品。

◎解毒：传统中医认为茭白性滑而利，可开胃解热毒，缓解饮酒过度，还可"压丹石毒发"，即指其清热解毒特性可解矿石丹药温热。

【饮食治疗】

◎性味归经：性寒味甘，入肝、脾、手、足太阴经。

◎功能主治：《本草拾遗》记载："去烦热，止渴，除目黄，利大小便，止热痢，解酒毒。"《食疗本草》认为："利五脏邪气，白癜，疬疡，目赤，热毒风气，卒心痛，可盐、醋煮食之。"民间也有用茭白节焙焦研末，敷治风疮、白癜、酒齇面赤等。

◎现代医学认为，经常食用茭白可预防高血压，防止动脉硬化，对肝硬化等患者均有一定的疗效。

【饮食节制】

◎性寒，脾虚胃寒者应少吃，或烹煮时加姜。

◎茭白含粗纤维较多，消化性溃疡者应适量少食。

【饮食宜忌】

◎唐代医学家孟诜指出，茭白"性滑，发冷气，令人下焦寒，伤阳道"。故不适宜阳痿、遗精者。

◎因茭白含有较多的草酸，钙质不容易被人体所吸收。肾功能衰退、泌尿道结石患者需禁食。■

注：
①文中所涉营养成分含量，均依据《中国食物成分表（第一册）》，北京大学医学出版社，2009 年第 2 版。
②文中所涉中医内容，主要参考《本草纲目》等古籍。

主料：

茭白 200 克　　莳萝少许
　　　　　　　　茴香少许
　　　　　　　　花椒少许

调料：
　　　　　　　　红曲少许
葱丝少许　　　　盐少许

茭白鮓

苏州礼耕堂大厨 叶华制作

准备：

将茭白剥皮，削去老皮和根部质地较粗的部分，洗净，切成约 1 毫米厚的薄片。

制作：

1 将茭白片过油炸至微黄，捞出后控干油分。

要诀：亦可不经油炸，过滚水汆烫 2 分钟即可。

2 将葱丝、莳萝、茴香、花椒、红曲研烂，加适量水，放盐拌匀，将茭白片浸放其中，一晚上即可。

集

割

把叶鞘上方的叶片割掉

采收后的茭白田

留种

　　留种前，应在采收期选择具有本品种优良性状、结茭多、没有雄茭和灰茭的植株，做上标记，留作母株。待茭白采收完毕后，将母株集中移栽到留种田中，让其越冬。待来年春季萌发新梢时，再分株繁殖。

茭白炒韭菜

苏州市江湾村 胡敬东制作

主料：

茭白 200 克
韭菜 150 克

调料：

菜油 2 大匙
盐 1/2 小匙

准备：

1 茭白剥壳，洗净，切丝。
2 韭菜洗净，切成约 5 厘米的长段。

制作：

1 炒锅中放菜油两大匙，大火烧热，至油面白沫逐渐消失后，将茭白投入锅中翻炒 2 分钟。
2 投入韭菜，翻炒均匀。放盐 1/2 小匙、水少许，翻炒 1 分钟，即可出锅。

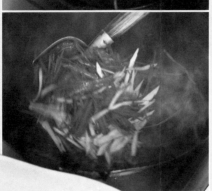

韭菜含有挥发性的硫代丙烯，有浓烈的香辛味，可增进食欲。还含有较多的营养物质，尤以纤维素、胡萝卜素、维生素 C 等为高。中医认为其有散瘀、活血、解毒的功效。

茭白烧块头

苏州市江湾村 胡敬东制作

油焖茭白

苏州市 周其昌制作

此菜为清代《调鼎集》中的古方
『鲊』指以盐和红曲腌制的鱼肉或蔬菜
古人常以此法腌渍食物，使久藏不坏
今人将调料换作香糟卤

主料：

茭白 500 克

调料：

食用油 2 大匙

盐 1 小匙

酱油 2 大匙

白糖 1 大匙

味精 1/2 小匙

准备：

将茭白剥皮，削去老皮和根部质地较粗的部分，洗净。切成滚刀块。

制作：

1 炒锅放油 2 大匙，中火烧热。倒入茭白块翻炒片刻，再慢慢煸 5 分钟，至茭白略焦黄，表面起皱，体积缩小，是为煸透。

2 放盐 1 小匙、酱油 2 大匙，翻炒均匀；再放白糖 1 大匙，味精 1/2 小匙。

3 尝试咸淡，加盐调味，翻炒均匀，即可出锅。

要诀：煸炒茭白时，时间一定要足够长，将茭白焖透入味。

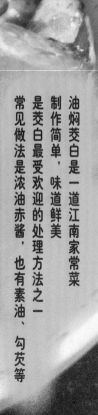

油焖茭白是一道江南家常菜制作简单，味道鲜美是茭白最受欢迎的处理方法之一常见做法是浓油赤酱，也有素油、勾芡等

22

主料：

茭白 500 克

五花肉 1000 克

青椒 50 克

调料：

料酒 4 大匙

蒜瓣数粒

姜块 5 块

老抽 2 大匙

白糖 2 小匙

葱花少许

准备：

1 将茭白剥皮，削去老皮和根部质地较粗的部分，洗净。斜削成约 2 毫米厚的小片。

2 将五花肉切成 2 厘米见方的小块，加足量水，料酒 2 大匙，蒜瓣 4 粒，大火煮开焯 2 分钟，捞出冲洗干净。

3 将青椒洗净去籽，掰成三四块。

制作：

1 五花肉加水没过，放青椒块，姜块 5 块，蒜瓣 2 粒，料酒 2 大匙，大火煮 15 分钟。

2 放入老抽 2 大匙，搅拌均匀，放入茭白，白糖 2 小匙，炖煮 20 分钟。

3 撒上葱花，即可出锅。

苏州人口中的『块头』即为人们熟悉的条状五花肉，和茭白同烧可吸收五花肉中的油分，香而不腻

25

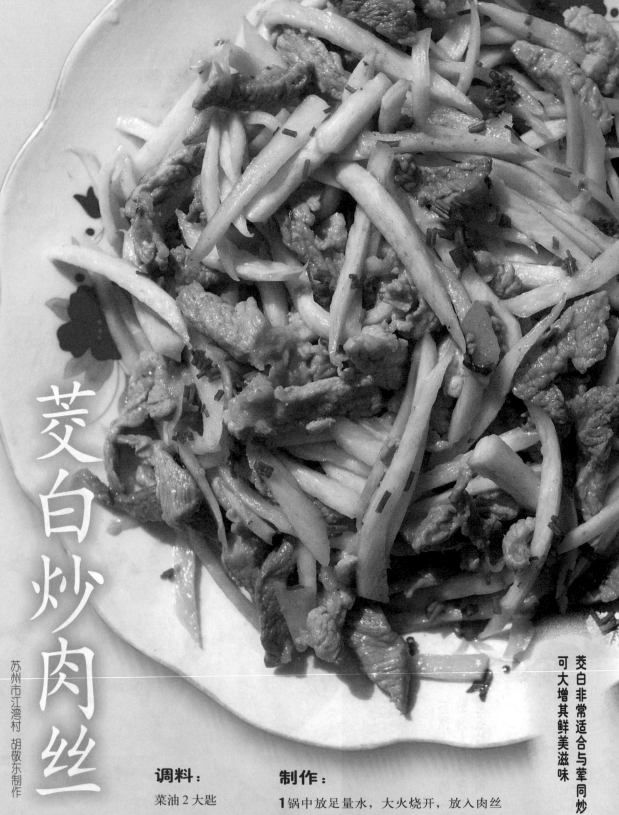

茭白炒肉丝

苏州市江湾村 胡敬东制作

茭白非常适合与荤同炒
可大增其鲜美滋味

主料：

茭白 300 克
瘦猪肉 200 克

准备：

1 瘦猪肉（以前腿瘦肉为佳，称前夹心）
切片，并改刀切丝。

2 将茭白剥皮，削去老皮和根部质地较
粗的部分，洗净。改刀切丝。

调料：

菜油 2 大匙
盐 1 小匙
料酒 1 大匙
姜片 2 片
葱末少许

制作：

1 锅中放足量水，大火烧开，放入肉丝
余烫 2 分钟，捞出沥干。

2 炒锅中放菜油 2 大匙，大火烧热，放
入肉丝翻炒 2 分钟。

3 加料酒 1 大匙，姜片 2 片，半杯水入锅，
烧 1 分钟左右。

4 倒入茭白丝翻炒，加 1 小匙盐、少许水。

要诀：倒入茭白之后便不可加盖焖烧，否则色
泽会不好看。

5 待锅中水分将干未干，汁收得差不多
时，撒葱末下锅，翻炒均匀，即可出锅。

26

茭白炒虾子

苏州新聚丰大厨 马波制作

主料：

茭白 300 克
虾子 100 克

调料：

食用油足量
盐 1 小匙
味精 1/2 小匙
鸡精 1/2 小匙
酱油 1 小匙
蚝油 1 小匙
水淀粉 1 小匙
麻油数滴

准备：

1 将茭白剥皮，削去老皮和根部质地较粗的部分，洗净，切成约 5 厘米长的细段。

2 淀粉加少量冷水调匀成水淀粉备用。

制作：

1 锅中放食用油足量，大火烧至三成热，放入茭白，炸 40 秒，捞起滤去油分。

注：若家常制作，可将油炸改为过沸水余烫。

2 另起锅放水少许，加盐 1 小匙，味精 1/2 小匙，鸡精 1/2 小匙，酱油 1 小匙，蚝油 1 小匙，放入虾子，搅拌均匀，大火烧开，放入茭白翻炒成熟，水淀粉勾芡，滴入麻油数滴，即可出锅。

此菜鲜香宜人，虾子虽小咬在口中，也似有浆汁迸破之感另可选用太湖特产干虾子不用经过炒制，直接撒在炒熟的茭白上也是一道美味

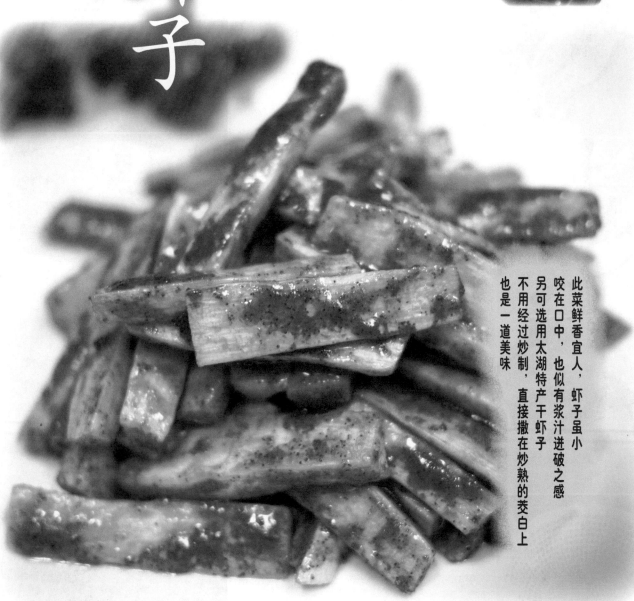

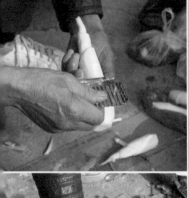

苏州市前港村厨师 殷世芳制作

茭白炒鱼片

主料：

茭白 500 克
黑鱼 700 克

调料：

食用油 4 大匙
盐 2 小匙
淀粉 1 大匙
鸡精 1 小匙
料酒 2 大匙
葱花少许

准备：

1 将茭白剥皮，削去老皮和根部质地较粗的部分，洗净。斜切成约 1 毫米厚的薄片。

2 将鱼刮鳞，剖去内脏，剪下鱼鳍，片下鱼身侧的两片肉，再斜片成片。

3 将鱼片冲洗干净。加盐 1 小匙，淀粉 1 大匙，鸡精 1/2 小匙，料酒 1 大匙，抓拌均匀，腌 5 分钟。

制作：

1 炒锅中放油 3 大匙，放入腌好的鱼片，炒至变白，盛出备用。

2 另起锅放油 1 大匙，放入茭白片，翻炒 1 分钟，放盐 1 小匙，料酒 1 大匙，开水 1 杯，放入炒好的鱼片，鸡精 1/2 小匙，烧 3 分钟，撒入葱花，即可出锅。

1

2

3

4

黑鱼是乌鳢的俗称，体形大而刺少，非常适合剔肉做鱼片、鱼丸等，肥嫩的鱼片和脆嫩的茭白搭配非常鲜香，没有一丝鱼腥味

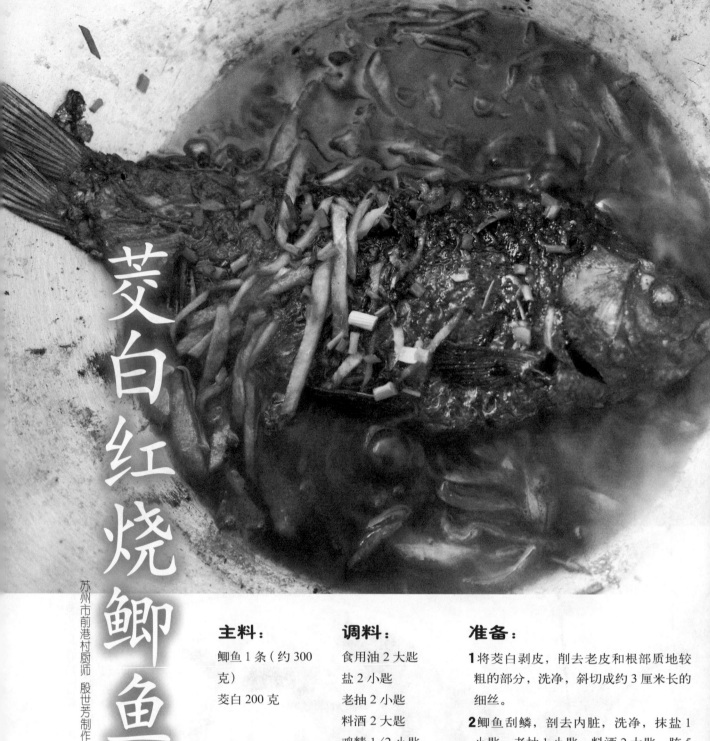

茭白红烧鲫鱼

苏州市前港村厨师 殷世芳制作

主料：
鲫鱼1条（约300克）
茭白200克

调料：
食用油2大匙
盐2小匙
老抽2小匙
料酒2大匙
鸡精1/2小匙
葱花少许

准备：

1 将茭白剥皮，削去老皮和根部质地较粗的部分，洗净，斜切成约3厘米长的细丝。

2 鲫鱼刮鳞，剖去内脏，洗净，抹盐1小匙，老抽1小匙，料酒2大匙，腌5分钟。

鲫鱼肉嫩味鲜，含有优良的蛋白质，中医认为其健脾利湿、和中开胃、活血通络、温中下气，具有较强的滋补作用，特别适合脾胃虚弱，饮食不香者也非常适宜产妇食用

制作：

1 炒锅内放油 2 大匙，放入鲫鱼，中火两面煎至发黄。

2 放入姜丝和腌鱼剩余的汤汁，倒入开水（以没过鱼为准），放盐 1 小匙，老抽 1 小匙，糖 1 大匙，盖锅烧 10 分钟。

3 放入茭白丝，烧 5 分钟，放入鸡精 1/2 小匙，葱花少许，即可出锅。

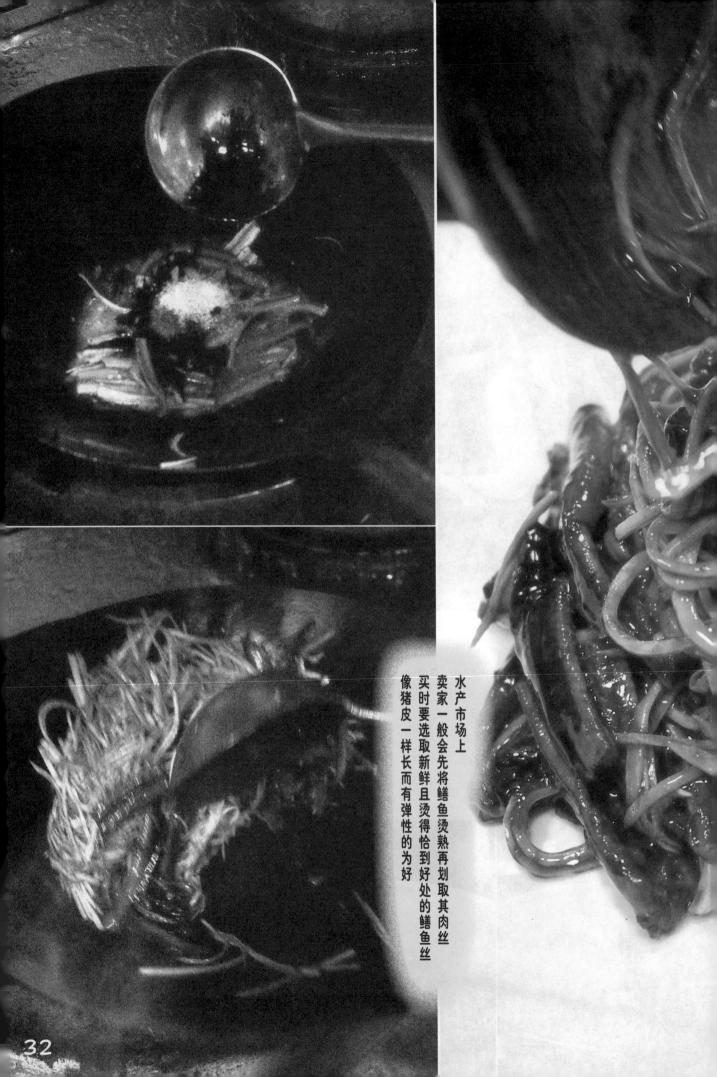

水产市场上
卖家一般会先将鳝鱼烫熟再划取其肉丝
买时要选取新鲜且烫得恰到好处的鳝鱼丝
像猪皮一样长而有弹性的为好

苏州新聚丰大厨 马波制作

茭白炒鳝丝

主料：

茭白 200 克

鳝丝 200 克

调料：

食用油足量

葱末少许

姜末少许

料酒 1 大匙

盐 1 小匙

味精 1/2 小匙

鸡精 1/2 小匙

白糖 2 小匙

酱油 2 大匙

淀粉 1 小匙

麻油数滴

准备：

1 将茭白剥皮，削去老皮和根部质地较粗的部分，洗净，切成约 5 厘米长的细丝。

2 淀粉加少量冷水调匀成水淀粉备用。

制作：

1 锅中放油足量，大火烧至二成热时，倒入茭白丝。一过即捞起，沥去油分。

要诀：家常制作可省略此步骤。

2 另起锅放油 2 大匙，大火烧热，放入葱末少许，姜末少许，料酒 1 大匙，盐 1 小匙，味精 1/2 小匙，鸡精 1/2 小匙，白糖 2 大匙，酱油 2 大匙，炒匀，放入鳝丝，翻炒成熟。

3 加入茭白丝，翻炒均匀，水淀粉勾芡，滴入麻油数滴，即可出锅。

茭白炒河虾

苏州新聚丰大厨 马波制作

河虾又称青虾，是优质的淡水虾类味道鲜美，营养丰富，高蛋白低脂肪肉质松软细嫩，易消化对身体虚弱之人是极佳的食物

主料：

茭白 100 克
河虾 250 克

调料：

食用油足量
盐 1 小匙
味精 1/2 小匙
鸡精 1/2 小匙
白糖 1 大匙
酱油 1 大匙
葱丝少许
料酒 1 大匙
淀粉 1 小匙
麻油数滴

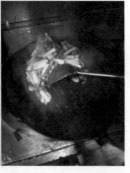

准备：

1 将茭白剥皮，削去老皮和根部质地较粗的部分，洗净。切成约 5 厘米长的细段。

2 淀粉加少量冷水调匀成水淀粉备用。

制作：

1 锅中放油足量，中火烧至五成热，放入河虾，炸 40 秒捞起，沥去油分。

2 放入茭白，同样油炸 30 秒，捞起沥去油分。

要诀：若家常制作，可将油炸改为过沸水汆烫。

3 另起锅放少许水，加盐 1 小匙，味精 1/2 小匙，鸡精 1/2 小匙，白糖 1 大匙，酱油 1 大匙，葱丝少许，料酒 1 大匙，煮开，放入茭白、河虾，翻炒数下，水淀粉勾芡，滑炒数下，浇上麻油数滴，即可起锅。

雕花茭白

苏州礼耕堂大厨 叶华 制作

主料：

生茭白数段

调料：

蜂蜜 1 大匙
美极鲜酱油 1/2 大匙
李锦记蒸鱼豉油 1/2 大匙

准备：

1 将茭白剥皮，洗净。

2 蜂蜜 1 大匙，美极鲜酱油 1/4 大匙，
蒸鱼豉油 1/4 大匙拌匀成调味汁，放
入小盆中备用。

制作：

1 将每段生茭白雕出四片细长兰花瓣。

2 雕好后浸入凉水中六七分钟，小心取
出，沥净水分，摆盘成一朵整花。

3 吃时蘸取调味汁即可。

这是一道展示苏州大厨技艺的雅菜
选茭白新鲜上市最嫩者，雕成玉兰形状
取其色泽洁白如玉，食其本味
造型之真，令人拍案叫绝

35

苏州市江湾村 胡敬东制作

茭白榨菜蛋汤

主料：
茭白 200 克
榨菜丝 100 克
鸡蛋 2 个

调料：
食用油 1 大匙
盐 1 小匙
味精 1/2 小匙
葱花少许

准备：
将茭白剥皮，削去老皮和根部质地较粗的部分，洗净。斜切成约 5 厘米长的细丝。

制作：
1 炒锅放油 1 大匙，倒入打散的鸡蛋，炒成蛋花。
2 放入茭白丝，加水 3 杯，大火烧开，放入榨菜丝，加盐 1 小匙，味精 1/2 小匙，撒入葱花，翻炒均匀，即可出锅。

傍晚匆匆忙忙下班的人们随手买两根茭白，加上一些榨菜、鸡蛋只需几分钟，一盆美味营养的好汤就可上桌了轻松易得，成本低廉

主料：

菰米 100 克
鸡汤 300 克

调料：

盐 2 小匙

北京汉声 李伟制作

菰米饭

准备：

菰米淘洗干净。

制作：

1 锅中放入鸡汤、菰米，大火煮开，转
　小火焖 40 分钟。过 30 分钟后，每隔 5
　分钟查看，煮至菰米一侧裂开，有嚼劲，
　不软烂为佳。若菰米煮熟，锅中还有
　剩余的水分，可以滤去水分。

要诀：菰米和鸡汤的比例以 1:3 为佳，待菰米
成熟，刚好可以煮成干饭。菰米若煮太
过，会如爆米花般炸开成雪白团状，变
得软烂，失去有嚼劲的特殊口感。

2 加入盐 2 小匙，拌匀，即可食用。

菰米是茭白开花所结的籽实，中国人食之历史久远，为古时六谷之一现代因经济价值低，已很少出产在提倡营养健康粗粮自然养生的今天菰米又渐渐重回人们的视线用之煮饭，中途就能闻到浓郁的特殊香气食之韧劲十足，越嚼越香

江湾村的大娘载着刚刚采收的茭白归去

采访手记

（上接第2页）

已经长至超过一人高，叶端叶缘也略显枯黄。下车走进田埂，正好碰到两位乐呵的农妇踏着三轮车咿呀地从远处骑来，车里载着许多已经切去叶片的茭白，原来她们刚刚采收完茭白收工准备归去。我们赶紧拦下老大娘，拍摄下收获的喜悦。采访回到村部途中，我们看到路边堆着一捆捆干枯的茭叶，中段用一根茭叶扎紧，下部的茭肉已经切除，四处散落不少切下来的末端薹管（即茭肉下端靠近根部的老茎），可惜没能看到茭白的采收现场。

到了11月，江湾村茭白早已采收完毕，但在几块边角的小水塘中，我们还是能看到一些集中种植的茭白老墩。胡主任介绍，这时寄秧的老墩，是要等到明年春天，挖出继续栽种的。老茭白的根茎十分粗老，下边的主薹管和分蘖出来的侧薹管、匍匐茎交错纠缠，结成坚硬的一团，主薹管的上端还残留几节茎节，看起来有点像甘蔗或者稍粗的玉米秆子。

第二年春天4月份，在种植塘藕的时候，农户同时开始将去年留种寄秧的种墩挖出进行分墩，用锋利的菜刀顺着植株薹管间纵劈成数份，每一份带几个小苗。再割掉过长的苗叶，就可以栽种在藕塘四周，随着莲藕一起生长。茭白是禾本科植物，所以幼苗看起来和水稻、苇草也很接近，水面上露出小小的一丛丛细长的叶片，叶鞘则大部分都淹没在水中。

● "青纱帐"中折夏茭

至2011年年底，水八仙的田野采访基本结束，唯独一直没能记录到茭白的采收现场，在2012年6月，汉声编辑陈诗宇、翟明磊特地再次来到苏州采访，希望能赶上夏茭采收。江湾村的一熟茭采收要到秋季。所以我们通过鲍忠州老师介绍，来到位于吴江同里的淞泽园水八仙种植基地，采访二熟茭的夏季采收。

淞泽园基地在江湾村东南十几里处，也是一个湖荡河浜密集的区域，东部是澄湖和黄泥兜，西部有九里湖和同里湖，西北则可达江湾村的镀底塘。这块种植基地大约有300亩，包括了蛇洞浜村和叶石溇两个村落，中间有一条小河"蛇洞浜"穿过，其中茭白的种植面积最大。我们找到了基地负责人张林元，张先生也是水八仙种植能手，和苏州水生蔬菜研究所长年合作，对品种改良和引进、推广都有很多贡献，还是一个有名的茭白专家。

我们随张先生走进基地中最大的一片茭白田，此时正值夏茭采收季，一丛一丛绿箭一般的长叶长至两米高，高过头顶，有些叶尖微微下垂，随风摆动。顶端的叶片已经完全封行连成一片，没有空隙。我们终于能够看到大面积集中栽种的景象，站在高处放眼望去，十分壮观，像一片放大版的稻田。

我们希望能看到茭白采收的情况，张先生说，承包这片茭白田的师傅这两天都在采收，只是下田不带手机，所以要直接到田中去找他。于是我们跟着张先生走进田埂，一路高声喊，却无人回应，又钻进更小的田埂，一行三人马上完全淹没在茭白叶组成的"青纱帐"之中，四处视野被阻挡，难怪找不着在田中深处的师傅。于是只好钻出来，麻烦在附近水田中劳作的一位老大娘赵金珠，帮我们采一些茭白。

赵大娘走近靠近田埂的一排茭白，躬身一下就钻进了两行茭白之间，东瞧瞧西看看，找到茭肉膨大，露出一点白色部分的成熟茭白，就握住叶鞘上端，往一侧弯折，向相反方向再折一下，折断茭肉与根茎的连接处，便取下茭白由另一只手抓着，继续往前探索。

在茭白丛中找完一行，老大娘又绕回继续采收第二行。采收之后，用一片茭叶把整捆茭白扎好运走，将茭白眼（即叶片和叶鞘分界处的白斑）以上的叶片部分切除，便可上市了。这种保留叶鞘的茭白，被称作"水壳"，可以保存稍长时间而不至于脱水干枯；而剥去叶鞘之后白嫩的食用部分，则被称为"茭肉"或者"肉子"，宜在短时间内新鲜加工食用。我们借来一只成熟的茭白，拍摄、测量，完成此次记录。

● 茭白的吃法

因为茭白各个品种上市的时间不尽相同，所以一年中可以吃到茭白的时间也很长，有"苏州不断茭"的美誉，是很受欢迎的一种水生蔬菜，有许多经典常见的搭配和做法。2011年10月，秋茭采收之后，我们先后在江湾村的胡敬东主任家，苏州周晨家中做了不少家常和农家菜，包括最常见的油焖茭白、茭白炒韭菜、香糟茭白等等。

在前港村采访芡实采收时，我们在路边还看到农家把茭白切成细条，铺在席子上晒干，制成茭白丝。后来在胡主任家中也看到晒好的茭白丝，这样可以保存更长的时间，过年时也可以吃到茭白。吃法和笋干有点接近，在汤里或者烧肉里放一些，也别有风味。 ■

苏州的周某昌先生在菜市场告诉我们挑茭白的诀窍

39

稻饭似珠菰似玉
——茭白史话

文：陈诗宇

菰米烹成雕胡饭

茭白植株高大，细长的叶片可高达两米，吃的是肥大洁白的肉质茎，在水乡被当作一种蔬菜栽培。但是在一两千年以前，茭白却并不是蔬菜，而是采集其籽实，被当作粮食食用。

茭白又叫菰，是禾本科稻亚科稻族之下的菰属植物，和水稻、玉米其实都是亲戚。野生的茭白开有淡色的小花，落花后结的籽却是黑色的，长形、两端尖，剥去外壳，可食用，称菰米。

中国人最初利用茭白时，是注意到其籽实的可食用性。最早的名字叫"苽"，或者"雕胡"。早在《周礼·天官冢宰·膳夫》中有记载："凡王之馈，食用六谷。"唐贾公彦疏："郑司农云：'六谷，稌、黍、稷、粱、麦、苽者。'苽，雕胡也。"可见，当时茭白所产的籽实，曾被当作"六谷"之一。

《礼记》中便提到以菰米煮制的"菰羹"，至迟在汉代，菰已为人们所种植。《西京杂记》记载汉代会稽孝子顾翱的故事："会稽人顾翱，少失父，事母至孝。母好食雕胡饭，常帅子女躬自采撷。还家，导水凿川，自种供养，每有赢储。家亦近太湖，湖中后自生雕胡，无复余草，虫鸟不敢至焉，遂得以为养。郡县表其闾舍。"提到当时自种雕胡采食的情况。

菰米饭的滋味曾获得极高的评价。东汉刘梁《七举》中曾说"菰粱之饭，入口丛流，送以熊蹯，咽以豹胎"。

南北朝时期，还出现了用菰米制作的饼食。南朝陶弘景的《名医别录》中就留下过"菰米一名雕胡，可作饼食"的记载。

雕胡饭在唐人的歌咏中屡见不鲜。李白有《宿五松山下荀媪家》诗："我宿五松下，寂寥无所欢。田家秋作苦，邻女夜春寒。跪进雕胡饭，月光明素盘。令人惭漂母，三谢不能餐。"杜甫也在诗中常常提及菰米饭，《江阁卧病走笔寄呈崔卢两侍御》回忆当年"滑忆雕胡饭，香闻锦带羹"，《行官张望补稻畦水归》有："秋菰成黑米，精凿传白粲。玉粒足晨炊，红鲜任霞散。"还有元稹的"琼杯传素液，金匕进雕胡。掌里承来露，桦中钓得鲈"。可见菰米饭在当时中国人生活中曾经扮演过比较重要的角色。

有意思的是，茭白的英文名叫作"Wild

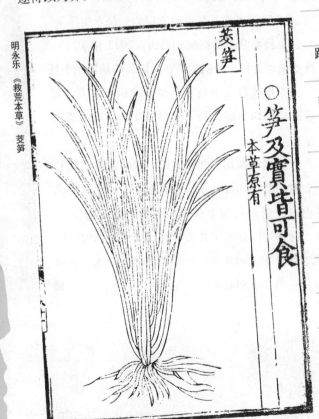

明永乐《救荒本草》茭笋

茭笋

笋及實皆可食

本草原有

菰米

rice"，直译就是"野生谷类"，显然西方人还一直把菰白当作一种粮食来看待。

然而到了宋代，菰米似乎就不再被当作日常食用的粮食，逐渐退出了中国人的生活。在各种记载里大都只是提到古时常用，今人偶食。北宋苏颂在《本草图经》中说，菰白"至秋结实，乃雕胡米也。古人以为美馔，今饥岁，人犹采以当粮……然则雕胡诸米，今皆不贵。大抵菰之种类皆极冷，不可过食，甚不益人，惟服金石人相宜耳"。明初的《救荒本草》也列有菰白，其下"救饥"条写道："或采子舂为米，合粟煮粥食之，甚济饥。"这时的菰米已经只是饥荒时的补充而已了。

菰首长成茭白肉

南宋 法常《水墨写生图卷》局部

雕胡饭之所以逐渐被中国人淡忘，苏颂认为是因为此米"极冷""甚不益人"。其实，决定性的原因是——"菰首"，也就是我们现在所吃的"茭白"的流行。茭白肉质鲜美，受到人们的广泛喜爱，而逐步取代菰米的生产。"春亦生笋，甜美堪啖，即菰菜也，又谓之茭白。"显然时人已将注意力转移到了茭白的美味上了。

茭白原本没有膨大的肉质茎，经菰黑粉菌侵入后，不能正常抽薹开花，而受刺激后，其茎部增生，基部形成肥大的嫩茎，就是古书中讲的"中心生白台如小儿臂曰'菰手'"的可食部分，也就是现在人们称之为"茭白"或"茭笋""茭肉""茭瓜"的东西。

早在汉代，中国人就发现了茭白的这一变异情况，将之称为"绿节"。《西京杂记》："太液池边，皆是雕胡、紫箨、绿节之类。……菰之有首者，谓之绿节。"宋代诗人陆游有《邻人送菰菜》诗："张苍饮乳元难学，绮季餐芝未免饥。稻饭似珠菰似玉，老农此味有谁知。"诗中用"菰似玉"，说明当时他邻居送的"菰菜"是茭白，而不是"菰米"。

自南宋开始，一些蔬果小品画中，也开始出现茭白的身影，比如南宋法常的《水墨写生图卷》，卷末画有三支肥大的茭白，用一根茭叶扎在一起。清代李鱓也曾多次画过茭白，在他的蔬果花鸟中，茭白还常常和芡实、芋艿等水产作物搭配在一起。

中国茭白巧栽培

野生状态下，茭白的产量是很低的，它的膨大程度和黑粉菌的入侵情况也无法控制，常常容易出现灰茭的情况，唐人称之为"乌郁"，食用价值比较低，所以质量好的茭白也因稀少而成为时鲜货。宋代朱长文记载，隋大业中，吴郡"献菰菜蔂二百斤，其菜生于菰蒋根下，形如细菌，色黄赤如金，梗叶鲜嫩"，可见当时苏州一带曾经把茭白作为贡品进献。

至于灰茭的形成，南宋罗愿在《尔雅翼》认为，是因为"植之黑壤，岁久不易地，污泥入其中"

而形成的。其实灰茭并非污泥入侵而成，而与菰黑粉菌所产生的厚垣孢子有关，但"岁久不易地"的分析还是有道理的。南宋《分门琐碎录》中就提出了解决办法："茭首根逐年移动，生者不黑。"逐年移栽后，长出的茭白就不易变黑，品质得以掌控和提高。明代在此基础上还认识到，"多用河泥壅根，则色白"，用河泥堆在根茎处，可以促进茭肉肥大，这些栽培方法至今江南一带还在沿用。

　　宋代之前的茭白大多处于半野生状态，并且都是秋收的一熟茭。但北宋《本草图经》和南宋《毗陵志》均提到有茭白"春亦生笋"，可见当时中国人已经发现，或者选育栽培出了次年春天可以再次收获的两熟茭。明代王鏊《姑苏志》也提道："茭白，各县有之，唯吴县梅湾村一种四月生，名吕公茭。"苏州至今也还把这种茭白称为"四月茭"。两熟茭的出现，使茭白的产出时间逐渐增加。就这样，在中国长期的人工驯化下，茭白的栽培逐渐达到了一个很高的水平。

菰叶与菰根

　　茭白地面上长达一米有余，扁平细长的叶片，是其植株最引人注目的部分。菰叶很早为中国人所利用，用途之一，是拿来当作披覆物或围栏，甚至可当作茅屋的屋顶，北魏贾思勰《齐民要术·种枣》："作干枣法：新菰蒋，露于庭，以枣着上，厚二寸；复以新蒋覆之。"唐陆龟蒙《田舍赋》："屋以菰蒋，扉以篿篨。"提到了用"菰蒋"，即茭白叶覆屋的做法。在水乡种茭的湖荡里，为了防止菱角植株被风浪吹散，也会把茭草连根拔起织成草栏，围护在菱荡四周，阻挡风浪。

　　用途之二，是用来充当肥料。北宋《本草图经》中讲："二浙下泽处，菰草最多，其根相结而生，久则并土浮于水上，彼人谓之菰葑，刈去其叶，便可耕莳。其苗有茎梗者，谓之菰蒋草。"可见菰叶可用于肥田。当菰长叶后，人们割取它的叶子用来喂牲口，留下的茎底部和根，经耕田后就成了肥料。

　　用途之三，就是用于我们所熟悉的粽子。其实最早的粽子，是以菰叶包制而成的。其明确记载始见于西晋周处的《风土记》："俗以菰叶裹黍米，以淳浓灰汁煮之，令烂熟，于五月五日及夏至啖之。一名糉，一名角黍，盖取阴阳尚相裹，未分散之时像也。"从西晋至今已有一千七百多年。清代徐扬的《端阳故事图册》中有一幅"裹角黍"，画中妇孺在庭院中用菰叶包粽子，地上一束采下待用的菰叶，上有题词称"以菰叶裹粘米为角黍"。

　　同其他种类的粽叶比起来，菰叶略显狭窄，包出的粽子也较小，将九枚菰叶所包的小粽子用彩线扎成一串，被称为"九子粽"，唐玄宗有诗曰："四时花竞巧，九子粽争先，方殿临华节，圆宫宴雅臣。"是当时节日所流

清　徐扬　《端阳故事图册》　裹角黍

裹角黍

行的食物。不过到今天，"菰叶裹黍"的习俗似乎已经不多见，包粽子的材料也越来越多了。

另外菱白的根和薹管，在中医里也是一种重要的药材，被称为"菰根"。《本草蒙筌》称："菰根，味甘，气大寒，无毒。……四时取根，捣烂绞汁。止小便利解渴，主肠胃热除烦。久浮水面者烧灰，研朱火灼疮敷愈。"

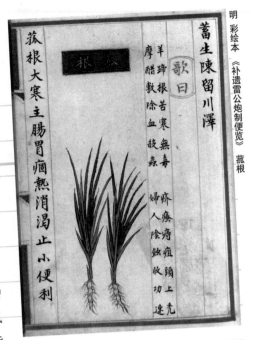

明 彩绘本 《补遗雷公炮制便览》 菰根

"蒋"姓与菱白

前文提到菱白还有一个别名，叫作"菰蒋"，或者"蒋""菰蒋草"。东汉许慎《说文解字》："菰，雕胡，一名蒋。从草，瓜声。"清代朱骏声《说文通训定声》释："按，蒋也，其米雕胡，俗名'菱'"。唐代韦庄有诗《赠渔翁》："草衣荷笠鬓如霜，自说家编楚水阳。满岸秋风吹枳橘，绕陂烟雨种菰蒋。芦刀夜鲙红鳞腻，木甑朝蒸紫芋香。曾向五湖期范蠡，尔来空阔久相忘。"里边便用"菰蒋"来指代菱白。

鲁迅《致章廷谦信》中，谈到浙江不能容纳人才，说"便是菱白之流，也不会久的，将一批一批地挤出去"。不熟悉这个典故的读者，便会不知其"菱白之流"所指的是什么。其实，鲁迅正是用菱白的别名"蒋"，来暗喻当时的浙江省教育厅厅长蒋梦麟。对于当时人来说，菱白的这个别名还是比较熟悉的，这样用也算是文人的一个小小趣味了。

有意思的是，蒋梦麟自己本人对于"蒋"姓和菱白的关系也有一番考证，他在《西潮·新潮》中提道："蒋氏的始祖是三千多年前受封的一位公子王孙。……他在纪元前十二世纪末期被封在黄河流域下游的一块小地方，他的封地叫作'蒋'，他的子孙也就以蒋为氏了。蒋是菱白古名。那块封地之所以定名为蒋，可能是那一带地方菱白生长得特别繁茂的缘故。"袁义达、张诚先生也曾考证，蒋氏的这一支的确和菱白有关，菱白"盛产于河南修武、获嘉地区的蒋河两岸。一支以采集菰实为食，进而以菰为氏族图腾，以'蒋'命名部落名称和地名"。

"葑"与菱白

苏州古城的东南门为"葑门"，长期以来多被认为和菱白有关。有记载认为，"葑"也是菱白的别名之一。《晋书音义》引《珠丛》："菰草丛生，其根盘结，名曰葑。"北宋朱长文修纂的《吴郡图经续记》里记载："曰封门者，取封禺之山为名。……方言谓封为葑，葑者，菱土摎结，可以种植者也。"杭州西湖中曾长有许多"葑草"，唐五代时常治理，宋初一度疏于管理，苏东坡知杭州时，"葑积为田，水无几矣"，经过疏浚治理，把挖出的菱白根堆积在湖中，便是著名的"苏堤"。

苏州自古城外多湖泊水泽，菱白丛生。城门以一水生植物命名，可见当时苏州城外菱白生长之茂密。葑门外一直都是苏州重要的菱白产地，清《元和县志》："菱白，即菰也，出葑门外杨枝荡，今南园水田亦有之。"另外还有菱白荡、菱白塘等地名，还逐渐培育出十几个地方品种。只是到了现代，葑门外的娄葑镇，因为工业园区的发展，菱白种植也越来越少了。

43

学者，江苏无锡人　程勉中

节选自程勉中：《无锡茭白》 **借田种茭**

茭白生长要有适宜的水肥和土壤，地力消耗大，在同一块土地上，连种三四年就要减产，当时茭农自有土地有限，就习惯"借田种茭"，即茭农每隔三四年就向附近农民租用稻田种茭。而稻农也乐意出借，因种过茭白的田，肥效尚存，来年种稻可不需施肥，仍能获得丰收。有一年茭农在归还土地时，遗留了一些茭墩（即菰的根茎，春天会萌生新株）在田里，稻农就暗暗收藏，寄秧在其他田里，来年也种植茭白，获利颇丰，因此引起了茭农与稻农间一场纠纷，直到打了官司才了结。虽然后来种茭者日见增多，但种茭技术是绝不轻易传授的。无锡有句俗语："你好，我好，种田种茭。"对农民来说，种茭白的技术一旦掌握，相对而言就可获得较好的经济效益，日子也就较为富裕。无锡广益乡黄泥头有一户农民，为了要种茭白，千方百计娶来了梨花庄茭农的女儿做媳妇，当时言明嫁妆什么都不要，只需带几堵茭墩就行了，结果茭白秧就传到了黄泥头。后来高长岸、刘潭等地也效此法引进了梨花庄茭白。

清末民初还发生过一桩官司。黄泥头村自种茭白后，全村渐富，后来有位叫金阿丘的农民，偷偷把茭秧传给管巷（即今丁村）一个亲戚，被发现后，黄泥头全村百余户人家起来反对，把金阿丘用铁链锁在村上观音堂内，并将管巷已种的二亩茭白田全部垄掉。后来双方请了地方上的图董，大打官司才了结。　■

学者，北京人，祖籍福建　王世襄

节选自王世襄：《鳜鱼宴》（《锦灰堆·卷三》） **糟煨茭白**

又一味是糟煨茭白或冬笋。夏冬季节不同，用料亦异，做法则基本相似。茭白选用短粗脆嫩者，直向改刀后平刀拍成不规则的碎块。高汤加香糟酒煮开，加姜汁，精盐，白糖等佐料，下茭白，开后勾薄茭，一沸即倒入海碗，茭白尽浮汤面。碗未登席，鼻观已开，一啜到口，芬溢齿颊，妙在糟香中有清香，仿佛身在莲塘菰蒲间。论其格调，信是无上逸品。厚味之后，有此一益，弥觉口爽神怡。　■

画家，美食家，江苏苏州人　叶放（辑）

茭白饮食钩沉

●元代贾铭在《饮食须知》称：茭白，味甘淡，性冷滑。多食令下焦冷。同生菜、蜂蜜食，发痼疾，损阳道。服巴豆人忌之。

●明代李时珍在《本草纲目》中就说：江南人呼菰为茭，以其根交结也。

●清代袁枚《随园食单》中有：茭白炒肉、炒鸡俱可。切整段，酱醋炙之，尤佳。煨肉亦佳。须切片，以寸为度，初出太细者无味。

●清代曾懿的《中馈录》中有"茭白鲊"的做法：鲜茭切作片子，灼过控干，以细葱丝、莳萝、茴香、花椒、红曲研烂，并盐拌匀，同腌一时食。藕梢鲊，同此造法。

●清代薛宝辰的《素食说略》中记载茭白：菰俗名茭白。切拐刀块，以开水瀹过，加酱油、醋费，殊有水乡风味。切拐刀块，以高汤加盐、料酒煨之，亦清腴。切茭刀块，以油灼之，搭茭起锅，亦脆美。

●清代徐珂《清稗类钞》中记载江浙秦陇人食茭白：茭，即茭白。此物以秦产为最，盖质脆而味鲜，胜于南中之笋。或炒以油，或调以酱油、麻油。江、浙人亦食之。　■

叶正亭　作家，江苏苏州人

苏州的"夏之宴"　节选自叶正亭：《苏州的"夏之宴"》（《吃在苏州》）

"夏之宴"冷盆一大八小，即一只花盆，八样冷菜。

八只冷盆分别是：虾子白切肉、兰花苏茭白、秘制新卤鸭、姑苏压酒菜、带子盐水虾、糟香豆腐干、娄东熏鲳鱼、葱油萝卜丝。其中的两道会是精彩："兰花苏茭白"和"姑苏压酒菜"。

茭白是姑苏"水八仙"之一，品种较多，上市跨度较大，可以从初夏一直吃到深秋。夏季上市的茭白最是娇嫩，色白肉嫩，一般菜馆夏季推的是油焖茭白，浓油赤酱。"夏之宴"的茭白则是本色。大师工作室的师傅们刀功好，将一支支茭白雕成了一朵朵半开的白兰花，造型之真、色泽之近，真是令人拍案。■

韩开春　作家，江苏淮安人

美人腿的诱惑　节选自韩开春：《美人腿的诱惑》（《水边记忆》）

菜场里的茭白多是剥了外壳一层一层码在摊位上的，肉质细白，让人想到它这"茭白"一名的由来，必定跟这个"白"的特点不无干系。茭白的形状下粗上细，像个纺锤体，细看上去，当真美丽可人，能引发人无限遐想，有人因此把它叫作"美人腿"，虽说感觉上有些暧昧，却也形象贴切。据说中国台湾三芝地区，每年都会举办一个"美人腿节"，要是不明就里的人，乍一听到这个节日的名字，估计想破脑袋也不会想到这是在庆祝茭白的丰收。

都说"美人自古如名将，不许人间见白头"，这个茭白同样也是这样，既然有了"美人腿"的雅号，自然就跟美人有了扯不断的联系。茭白能吃并且好吃的时间并不长，稍不留神就会长老了，它长老的标志是表皮泛青、嫩白的肉里出现黑点，一有黑点便不好吃，就像美人，年老色衰，也会遭人遗弃。

看看茭白的成长史，我们居然发现，原来它这黑点是从娘胎里就带来的，高苗之所以能结茭白或者说高瓜，是因为感染了菰黑粉菌后膨胀所致，菰黑粉菌多了也就形成了小黑点。要是没有这菰黑粉菌，高苗就结不出茭白，同样，也是因为这菰黑粉菌，才使得这个人见人爱的"美人腿"迅速衰老，最终人老珠黄，遭人遗弃。这个菰黑粉菌，竟如人中萧何，成也是它，败也是它。■

陆嘉明　作家，江苏苏州人

茭白莳水清味　节选自陆嘉明：《淡淡水八仙 悠悠意外味》

有二千五百余年历史的苏州古城，原有一座水陆并列的城门，堪为东方水都的独特景观。城门各以一字名之，一一皆有出典。其中位于东南一隅的为葑门。原有陆门雄立，城楼三楹；其上横匾高悬，大书"溪流清映"四字。想当年，水门临溪，葑水长流，真一古意盎然的画中风物。关于这"葑"的由来，据一方志所释，吴地"方言谓封为葑，葑者，茭土攙结，可以种植者也"。自古以来，城外多湖泊水泽，片片水田，葑草丛生，青翠葱郁，摇曳生姿。城门以一水生植物命名，可见当时葑草之茂，极尽一时之风光。

这"葑"即为"菰"。《晋书》中载："四面湖泽，

江苏常熟人　**戴彩英**

父亲的茭白

那时候种茭白的河是村里分的，按人数计算，虽然我家分到的不是很多，但父亲种的茭白在村里总是收获最好的。

播种的时候，通常是把上一年的茭白留下来的根作为种子。一堆茭白根可以把它分成很多份，有的是单独的一枝，有的是几枝。初春，父亲常常赤着脚忍着河水的冰凉来到河里把茭白根的枝杈黄叶等杂质去除，留下那些健壮而硕大的作为种子，然后用刀把它们均匀地分散并间隔着种下。种好之后就是管理期了，施肥、除草，给它充足的养料，茭白就沐浴着春风开始茁壮成长，往往没多久，河田里就见不到水面的影子了，茭白铺天盖地恣意地生长着，把属于它的空间占得没有一点空隙。这个时候父亲总是更加细心地呵护、管理，几乎是每天都要去河边一趟，不时下到水里去除杂草枯叶，给它一个洁净的水域。不用多久，

父亲就会喜滋滋地带回一二个嫩生生的茭白，嘴馋的时候，往往洗洗就往嘴里送了，那味道是甜甜的爽爽的。这时候就会招来母亲的骂：小馋猫，留着明天去卖吧。父亲明白母亲的想法，这个时候长成的茭白还很少很少，非常时鲜，虽然只有几个，但也可以卖一个好价钱。对于一个拮据的家庭来说，几块钱有时候也可以创造天壤之别的奇迹。但父亲在茭白刚上市的时候仍然有时会带回几个大大的，让我们尝尝鲜、解解馋。

等到茭白成熟的旺盛季节，父亲几乎每天都要去采摘，因为茭白长得很快，一二天的工夫就会变老变坏。高高瘦瘦的父亲挽起裤腿，只露出一截没有河泥浸没的黝黑的皮肤，草帽檐下是一张清瘦而沧桑的脸，常常挂着收获的微笑。父亲赤着脚在茭白河田里搜寻着成熟的茭白。通常茭白是藏在根部那郁郁葱葱的枝叶间，如果你不仔细，一

时还真发现不了。但这点小小的"把戏"是逃不过父亲的眼睛的，他沉稳而娴熟地一摘一个准，不一会儿，就会甩上岸一大堆。而我和母亲就在岸上拔去那多余的茭白叶片。而父亲依然在葱绿的枝叶间来回穿梭，瞬间，手上又多了一大把。这样几下子，茭白就摘得差不多了。于是父亲就和母亲一起在河岸边去除那些多余的叶子，剩下的是一个个白中带绿的水灵灵的茭白。然后父亲在肩上搭上一大片，母亲也搭上一大片，中间的小不点也像模像样地背着几个最大的。这成了记忆中一道抹不去的独特的风景：暮色中三个黑点在河边的田埂上慢慢向家的方向移动，近了，又近了，那边屋里的灯光照到身上了。草草吃完晚饭后，父亲和母亲就开始选茭白并把那剩下的叶片裁得短短的，再把它们或五个或十个地扎成一束，等到全部完成时往往已是深夜了。第二天，天还没亮，父亲就挑着满满的两筐茭白到市场上去卖，一般是几毛钱一束，因大小而异。　■

皆是菰葑"。何超《晋书音义》引《珠丛》云："菰草丛生，其根盘结，名曰葑。"又，李时珍《本草纲目》云："江南人称菰为茭，以其根交结也。"这"菰"，也即菰根，就是我们爱吃的蔬菜茭白了。其实，茭白是菰的根上嫩茎，所以又称菰瓜、菰笋，或谓茭瓜、茭笋。吴中茭白久负盛名，历史悠久，西晋时菰菜与莼羹、鲈脍同享盛誉，号称"吴中三大名菜"。我们通常所说的思乡典故即张翰的"莼鲈之思"，实际上他首先想到的是吴中茭白，然后才是莼鲈。不知何故，历史却把茭白冷落了。这倒也不碍事，这正如古葑门以及城楼上"溪水清映"的匾额，早已走失在历史的深处，而在葑门外，不，而是在吴中大地上，茭白这

一"葑水清味"，却世世代代融进了苏州人的市井生活，诸如"酒焖茭白""虾子茭白""香糟茭白"等苏式名菜，色白质嫩，清甜香糯，为宴席佳馔，独领风骚，受人青睐。

带壳的茭白，青绿颀长，娉娉婷婷如小女子模样，娴静而不张扬。剥去数层外壳，只见肉白如玉，清爽可人。茭白，生于水泽，长于旷野，莫非是边生长边沐浴，才落得如此这般青、白、洁、净，煞是惹人喜爱。清代李渔说，蔬食之美，一在清，二在洁。茭白形质，堪担其美。苏州人，每每根据各自的口味，能烹调出三层味道。喜欢清淡的人，把茭白丝或茭白片在沸水中一焯，即用葱油或香油清拌，便成一冷盆佳

张林元 苏州淞泽园水生蔬菜基地负责人，江苏苏州人

念念茭白经　　采访整理：翟明磊

我种的是无公害茭白，茭白田里可以养鸭子。买茭白不要买雪白雪白的，要买有点青的，自然的东西都不会长得太好。我们种的茭白不浸漂白水，市场上茭白白，是浸漂白水的，没有茭白味道。有的茭白是肥料和膨大剂催大的，也不好吃，芯子都空掉了。

你问茭白老品种为什么断掉？那时娄葑正好拆迁，这也拆迁，那也拆迁。拆迁后的农民，一开始不肯种田，去找工作，工资又拿不了多少，最后还是种田。可是有几年没种茭白，茭白苗老品种没种了，就断开了。

我和浙江关系很好，专门开车去台州学他们的品种。有一种太湖深水种茭白叫十月白，蔬菜所的鲍所长花了四五月没搞到手，我在太湖里搞到的。龙茭二号，浙茭两号。都是我弄过来的。我来说说茭白品种有啥区别，本地种小蜡台上市很早，五月一日，就上市了，但是表面发青的，样子不好看，不适应市场。群力茭，葑红早，产量低，我估计，老百姓讲经济效益，不会种。吴江茭，有长的、短的两种，长的好销。我现在试验吴江茭种双季茭，八月份种，十月份上市以后，卖到元旦。我有把握，看来年能不能五月一号吃上茭白。现在你看到的是白玉茭，这个茭白有什么特点？个头中等，不是很大，九月初上市，因为市场上没有别的茭白，所以白玉茭价格高。基本上可以卖到九月下旬，再长就卖不掉。接下来白玉秋茭就上市了，又白又粗。产量在三千斤一亩。鱼子茭也有早中两个品种。

我们苏州茭白为什么比浙江的好吃？我们今年种了，明年换其他作物轮种，浙江有的地方讲规模，一种几万亩，一块田今年种，明年种，后年还种，地力就会差一些。

因为我一直引进研究茭白，还有一种茭白，人家叫张林元茭白，就是安徽茭。因为我又大又胖，这个茭白也是又粗又胖，农技人员开玩笑就起了这个名字。　　　　■

味，或是茭白炒毛豆，吃来爽口鲜嫩，咸中带甘，最能得其自然本味；其次为茭白炒肉丝或炒雪里蕻，清香而有淳味，最是夏日佐餐佳品；味重者则把茭白切成斜刀块，用重油红焖，吃来清清爽爽，糯嫩可口。我素爱汤羹，尤喜荤汤，妻子常在汤中放些许茭白片，膻腻尽解，清气扑鼻，醇厚中平添清澄。我最爱吃的还是妻子烹制的茭白红烧肉，茭白一经渗入肉味，是蔬非蔬，是荤非荤，风味独特。这种"意外味"，深得荤蔬二味相"和"之妙，叫人不忍放箸。据说宋代诗人陆游平生茹素成嗜，茭白虽也是心爱之物，但他考究吃纯蔬，尚且还要"洗釜烹蔬甲"，纯洁之好一至于此，也许没有吃过这种肉烧茭白，不然又可做出几首好诗来，真是可惜了去。

20 世纪 60 年代初，我下放到苏州葑门外劳动锻炼，所在村庄，四周皆水滩荡田，其时茭白丛生，青葱一片。我曾亲尝刚采割的生茭白，只觉鲜嫩无比而略带柔性，微甘中有一股清香，真个是尝到了自然的本味了。当然，茭白不能真当水果，当时年轻，只是偶发浪漫而已。李渔说：吾谓饮食之道，脍不如肉，肉不如蔬，亦以其渐近自然也。茭白，绝对是最"近自然"的蔬中上品。记得当时我在乡下时，把新采的茭白切成丝炒鸡蛋，端盘上桌，白是象牙白，黄是柠檬黄，二色相谐，真趣盎然。蛋中茭白，熟中带生，鲜洁中不脱清味，确是"渐近自然"的至美之肴。

著名小说家李劼人认为，家常菜最要紧的是要"保其菜的真味""适口者珍"。哦，真味适口，信然！苏州人把适口真味茭白列于"水八仙"之首，确是知味灼见。我有时闲读庄子，散散淡淡中深感庄子的哲学最讲究两个字：一为"真"，一为"朴"。这吴地茭白的"葑水清味"，倒也勾起我对"真""朴"的怀想和向往来了。　　　　■

47

编后记

《中国水生植物——苏州水八仙》终于进入编后，我们也得以松一口气，在把本书呈现给读者之前，需要感谢为这套书提供过帮助的朋友们。

2010年4月10日，汉声编辑到苏州文化名家叶放先生家做客，叶先生既是画家，又是美食家，在谈起苏州风物时，提及苏州的八种水生蔬菜"水八仙"，引起我们的关注和兴趣，当即确定下这个题目。随后通过叶放的联系，发动了苏州摄影家汪浩和记者李婷，当晚在十全街的五卅饭店以沙洲优黄举杯，同我们一起组成在苏州最早的采访团队。汪浩先生在接下来，多次亲自到苏州的水八仙种植区持续追踪采访，为我们提供了许多高质量的照片。

从2010年6月开始至2012年8月，汉声编辑从北京和台北来到苏州二十余次，田野采访工作持续了两年多，前前后后得到许多苏州朋友的支持。苏州作家王稼句老师提供了许多水八仙的文史信息，使我们得以接触到水八仙背后深厚的文化。苏州前文化局局长高福民先生也为我们的采访帮忙牵线。还要特别感谢苏州设计家周晨先生为我们采访提供的便利和帮助。

风物志在文史背景下，还要关注植物本体科学性的知识，才能更好地详尽记录。苏州市蔬菜研究所原副所长鲍忠洲、苏州农林局推广站专家陈金林为我们提供了极其详尽的关于水八仙植物学和栽培学上的知识，以及苏州水八仙的种植概况。